序

　　帳務舞弊與資金挪用案例層出不窮,損害了組織的財務和聲譽,讓許多企業難以應對。傳統的稽核方式往往只能找到冰山的一角,而這樣的查核方式已經漸漸變得無效。唯有改變傳統的稽核方式,進而事先偵測冰山下的風險,才能確保查核的有效性。隨著 AI 人工智慧技術持續進步,今年最熱門的 ChatGPT (聊天機器人),讓大家深深感受到 AI 時代的來臨,如何善用先進的 AI 人工智慧稽核技術,快速地將 AI 資料分析技術應用於帳務與費用的查核,協助組織提升韌性,確保內部控制與公司治理的成效,已成為如何避免被機器人取代的關鍵。集團企業快速發展,運用 AI 人工智慧技術也可以增加子公司遠端場外監理效能,讓企業更能夠迎向後疫時代數位轉型的機會與挑戰。

　　智能稽核(Smart Audit)是利用大數據與先進稽核分析工具嵌入人工智慧,將稽核作業自動化、數據化,提高稽核效率和效益,並降低人工稽核可能存在的誤差和風險。智能稽核主要包括三個構面:資料自動化收集和分析、風險評估和控制、以及報告和溝通。智能稽核應用於財務稽核、風險稽核、遵循稽核、數據隱私稽核等,透過智能稽核,協助高效率稽核工作,快速發現問題和風險,提高合規和風險控制能力。國際電腦稽核教育協會(ICAEA)強調:「熟練一套 CAATs 工具與學習查核方法,來面對新的電子化營運環境的內稽內控挑戰,才是正道」。

　　本書經國際電腦稽核教育協會(ICAEA)認證,並由具備國際專業稽核實務顧問群精心編寫。講義中包含了完整的實例演練資料,並可申請取得 AI 稽核軟體 JCAATs 教育版,讓學員透過實務案例上機操作,充分學習如何運用 AI 人工智慧離群分析技巧,協助帳務與費用查核,有效找出高風險項目提升工作成效。歡迎各階管理者、會計師、內部稽核、財會主管等專業人士,加入智能稽核(Smart Audit)行列,一同交流學習。

JACKSOFT 傑克商業自動化股份有限公司
ICAEA 國際電腦稽核教育協會大中華分會
黃秀鳳總經理/分會長
2023/04/10

電腦稽核專業人員十誡

　　ICAEA 所訂的電腦稽核專業人員的倫理規範與實務守則，以實務應用與簡易了解為準則，一般又稱為『電腦稽核專業人員十誡』。 其十項實務原則說明如下：

1. 願意承擔自己的電腦稽核工作的全部責任。

2. 對專業工作上所獲得的任何機密資訊應要確保其隱私與保密。

3. 對進行中或未來即將進行的電腦稽核工作應要確保自己具備有足夠的專業資格。

4. 對進行中或未來即將進行的電腦稽核工作應要確保自己使用專業適當的方法在進行。

5. 對所開發完成或修改的電腦稽核程式應要盡可能的符合最高的專業開發標準。

6. 應要確保自己專業判斷的完整性和獨立性。

7. 禁止進行或協助任何貪腐、賄賂或其他不正當財務欺騙性行為。

8. 應積極參與終身學習來發展自己的電腦稽核專業能力。

9. 應協助相關稽核小組成員的電腦稽核專業發展，以使整個團隊可以產生更佳的稽核效果與效率。

10. 應對社會大眾宣揚電腦稽核專業的價值與對公眾的利益。

目錄

頁碼

1. 帳務舞弊與資金挪用實務案例分析　　2

2. 常見的總帳查核項目　　5

3. AI 人工智慧於帳務與費用稽核實務應用　　7

4. AI 人工智慧智能稽核(Smart Audit)軟體與應用實務簡介　　13

5. AICPA 美國會計師公會稽核資料標準　　26

6. 指令實習：Outlier(離群)、分類(Classify)、分層 (Stratify)、文字雲(Text Cloud)、Join Many-to-Many(模糊 比對)等指令應用　　28

7. 實務案例上機演練一：內外部資料匯入練習(OPEN DATA- 美國 SDN 管制名單與政府拒往名單、excel、資料倉儲等)　　46

8. 實務案例上機演練二：帳務資料完整性驗證與分層分析　　67

9. 實務案例上機演練三：異常離群 Outlier 分析查核-費用科目　　76

10. 離群 (Outlier)統計標準差計算方式與應用說明　　80

11. 實務案例上機演練四：異常離群分析查核-子公司監理　　95

12. 實務案例上機演練五：請款內容異常文字探勘查核-文字雲　　99

13. TF-IDF 文字分析機器學習演算法實例應用技巧說明　　104

14. 實務案例上機演練六：請款內容異常文字探勘查核-可疑關 鍵字(Fuzzy MATCH)　　109

15. RPA 流程自動化- 費用異常稽核機器人 (Audit Robotics) 實例演練　　153

電腦稽核實務個案演練
AI離群分析(Outlier)
--帳務與費用智能稽核實例演練

傑克商業自動化股份有限公司

JACKSOFT為經濟部能量登錄電腦稽核與GRC(治理、風險管理與法規遵循)專業輔導機構,服務品質有保障

國際電腦稽核教育協會
認證課程

帳務舞弊與資金挪用實務案例分析

經評估此事件對公司營運並無影響。

帳務舞弊與資金挪用實務案例分析

公司女會計「螞蟻搬家」1年多侵吞公款逾百萬

李姓女會計侵吞公司公款上百萬元，屏東地院判處1年2月徒刑。（記者李立法攝）

2021/01/27 08:46

〔記者李立法／屏東報導〕擔任紙業公司會計兼出納職務的李姓女員工，竟利用職務之便，陸續侵吞公司141萬多元應繳納的稅款、員工保費及退休金等，經公司查帳發現款項減少才東窗事發，李女被依業務侵占罪判刑1年2個月，還要追回侵吞的贓款，可上訴。

李女負責代收該公司應收帳款及繳納公部門規費等事務，因缺錢花用，於2018年間利用職務之便，陸續將公司應繳納的房屋稅、員工健保費及退休金等領出後，占為己有，公司發現異狀，派員查帳後，才揪出李女侵占公款的行為。

該公司調查發現，李女以螞蟻搬家方式，1年多來先後侵吞了公司141萬4447元，遂依法究辦，屏東地院審理後，認為李女業務侵占罪行成立，判刑1年2個月，並追繳犯罪所得。

不用抽 不用搶 現在用APP看新聞 保證天天中獎　點我下載APP　按我看活動辦法

資料來源:自由時報 2021/01/27 記者李立法屏東報導
https://news.ltn.com.tw/news/society/breakingnews/3423451

3

帳務舞弊與資金挪用實務案例分析

商周 / 管理

會計侵占1.5億元，四年來全公司沒人知道？專家揭秘3種治理盲點，教你打造企業防弊好體質！

最常發生的資產挪用

（來源：shutterstock）

撰文者：高智敏
商周讀書會 | 2020.09.11

首先，資產挪用是指挪用有經濟價值的東西，比如存貨或其他有價變現的東西，比如存貨或其他有價現金的挪用，可以依照被盜取的時在公司帳上前就被拿走」（簡稱「稱「之後」）以及「虛報公帳」三

什麼是「之前」被挪用？某家鍋貼買10個鍋貼結帳時，員工會把10個貼的發票，這樣公司帳務上就記錄記錄的應有金額是一致的。而林姓個鍋貼，放進收銀機的錢也只有9個1個鍋貼的錢就放進自己口袋。由此了，因此屬於「之前」挪用。

林姓員工一個一個鍋貼的A錢，三小很難從帳務上發現，但是這種手得另外把鍋貼錢放到自己口袋，讓

至於「之後」被挪用就比較常見。比方說，銀行為了作業和點鈔便利，大多會將100張同面額的鈔票以綁鈔帶紮妥，稱為「一紮」，10紮再用麻繩綁在一起成為「一捆」（1,000張）。某銀行趙姓櫃員在分行擔任俗稱「大出納」的角色，負責每日下班前入庫金額的清點業務。他發現主管只粗略盤點「捆」數對不對，並沒有細數每捆內是不是都有10紮，因此就利用這項漏洞每日偷偷抽出幾「紮」千元鈔票，不到一年就拿走約2,000萬元。這些被侵占的好幾「紮」鈔票，早已被記錄在每日的銀行帳上，屬於銀行的資產，但實際上卻已從金庫消失，是標準的「之後」挪用。

「之前」挪用要偵測比較困難，畢竟帳務本來就沒有這筆錢，很難知道有一筆錢被拿走了；而「之後」挪用則因為帳上早有這筆紀錄，只要細心核對就能發現金額短少。

而現金挪用的第三種「虛報公帳」，則是利用各種名目讓公司付出不該支付的錢，像是利用公款請親友吃飯、透過幽靈員工詐領薪資、謊報差旅費、盜用支票等皆是。台北市砂石公司一名關姓女會計，除了長相清秀、語調輕柔外，專業能力深受老闆信賴，因此也幫忙保管老闆及公司的印章。不料，關女拿到公司準備支付給外部廠商的支票時，就將支票上的付款對象改為自己、小孩或男友，從2012年開始至2016年，陸續侵占公司近1.5億元的款項。

以上是現金遭挪用的例子，至於會被挪用的存貨，在舞弊犯考量成功率與投報率的狀況下，大多屬於體積小且高單價的物品，例如：電子產品、貴重金屬等。某3C通路的宋姓男工持iPhone所在倉庫的鑰匙，直接取走11支iPhone 7、22支iPhone 7 Plus，再登入庫存管理系統，記錄出貨33支。除了變賣這33支iPhone的所得外，還額外拿到3,000多元的銷售獎金。最後，還是店長盤點存貨後才發現他的侵占行徑。

資料來源:2020-09-11 商周 商周讀書會 高智敏
https://tidatw.org/2020/09/11/

4

常見的總帳查核項目

- 在交易分類帳系列章節中，必查項目有十種測試，這是一項值得我們進一步研究的議題：

- 測試一：帳戶金額分層測試(Stratify)
- 測試二：**帳戶金額異常分析測試 (Outlier)**
- 測試三：可疑的異常關鍵字分析 (Fuzzy MATCH)
- 測試四：帳戶金額群集分析 (Cluster)
- …………

會計總帳查核重點

1. **總帳紀錄完整性查核**：應確認總帳科目的交易是否完整，例如是否有任何漏記或遺漏的交易。
2. **總帳科目正確性查核**：應確認所有交易是否已經被納入總帳科目，並且每個交易是否被正確地歸屬到相應的科目。
3. **總帳入帳時效性查核**：應確認總帳科目交易是否已經按照適當的時序進行記錄，例如是否有任何遲延或錯誤的交易。
4. **總帳金額正確性查核**：應確認總帳科目中金額是否正確，並且是否與源頭文件（例如發票、收據等）一致。
5. **帳務交易紀錄合規性查核**：應確認帳務交易入帳是否合規，例如是否遵守了公司的財務政策和相關法令規定。

　　總帳查核是財務報告的重要部分，可以幫助確保公司的財務報告準確、可靠和可信。

運用 AI人工智慧
從事後稽核走向事前風險偵測與預防
-結合數位轉型資料分析趨勢

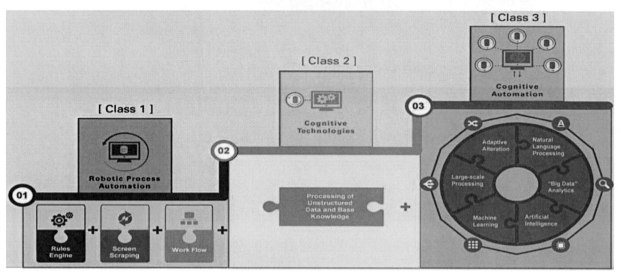

機器人流程自動化
(Robotic Process
Automation, RPA)

大數據分析
(Big Data Analytics)
視覺化分析
(Visual Analytics)

機器學習(Machine Learning)
自然語言處理(NLP)
人工智慧(A.I)

7

機器學習技術讓事前審計成為可能

不只有超跑！杜拜警方導入機器學習犯罪預測系統

2016.12.26 by 高敬原

犯罪時間地點AI都可「預測」？美國超過50個警察部門已開始應用

杜 拜警方除了用跑車來當作警車來打擊犯罪，現在更進一步要運用機器學習技術，來協助警方預測犯罪的發生！

運用機器學習演算法判斷犯罪熱區

8

傳統稽核方式只能找到冰山一角

> 如何事先偵測冰山下的風險?
> AI人工智慧新稽核時代來臨, 透過預測性稽核才能有效 協助組織提升風險評估能力

9

舞弊三角形

(Why good people do the wrong thing)

舞弊三角形理論

破窗理論
Broken windows theory

Pressure (Real or Perceived)
動機與壓力

機會
Opportunities, Consequences, and Likelihood of Detection (Real or Perceived)

行為合理化
Rationalization

計算你的企業舞弊成本的參考模型?

- 模式一: 員工人數

  美國公司每年損失每位員工的舞弊或浪費的成本U.S. $4,500
  (U.S. organizations lose about $4,500 per employee
  annually as a result of occupational fraud and abuse)

  年度舞弊成本= 員工數 ＊ $4,500

- 模式二: 營業額

  世界各組織平均損失5%的營業額在舞弊
  (Worldwide organizations, on average, lose 5% of
  revenues to fraud.)

  年度舞弊成本= 年營業額 ＊ 5%

資料來源: *2014 Report to the Nations on Occupational Fraud and Abuse. Copyright 2014 by the*
Association of Certified Fraud Examiners, Inc.

11

電腦輔助稽核技術(CAATs)

- **稽核人員角度**所設計的通用稽核軟體，有別於以資訊或統計背景所開發的軟體，以資料為基礎的Critical Thinking (批判式思考)，**強調分析方法論**而非僅工具使用技巧。

- 適用不同來源與各種資料格式之檔案匯入或系統資料庫連結，其特色是強調有科學依據的抽樣、資料勾稽與比對、檔案合併、日期計算、資料轉換與分析，**快速協助找出異常**。

- 由傳統大數據分析往 AI人工智慧智能分析(Smart Audit)發展。

C++語言開發
付費軟體
Diligent Ltd.

以VB語言開發
付費軟體
CaseWare Ltd.

以Python語言開發
免費軟體
美國楊百翰大學

JCAATs-
AI稽核軟體
--Python Based

12

智能稽核(Smart Audit)

- 智能稽核是**利用大數據與先進稽核分析工具嵌入人工智慧**，將**稽核作業自動化、數據化**，提高稽核效率和效益，並降低人工稽核可能存在的誤差和風險。智能稽核主要包括三個構面：**資料自動化收集和分析、風險評估和控制、以及報告和溝通**。智能稽核應用於**財務稽核、風險稽核、遵循稽核、數據隱私稽核**等，透過智能稽核，協助高效率稽核工作，快速發現問題和風險，提高合規和風險控制能力。

- JCAATs是一套 Python-Based 的 AI人工智慧稽核軟體，所有指令操作都會被記錄在日誌檔案中，讓系統更具獨立性與可追蹤性。稽核程式是以 Python 語言檔案形式儲存，容易了解與易於擴充，讓稽核作業和人工智慧技術可輕易結合。**JCAATs的智能稽核專案檔**儲存大部分的結構性專案資訊，例如資料表格式、稽核指令程式結構、變數和資料夾，實際資料與稽核程式則儲存在專案外的作業系統檔案中。這架構確保資料和指令在作業系統層面上受到控制，並且資訊安全與 IT 系統一致。

13

AI智慧化稽核流程

萃取前後資料
目標 >準則>風險
>頻率>資料需求

彈性 規劃

智能 判讀

警示利害關係人

利用CAATs自動化排除操作性的瓶頸
利用機器學習 智能判斷預測風險

連接不同
資料來源

缺失偵測　　　　威脅偵查

16

JCAATs 1.0 : 2017 London, UK

15

JCAATs 3.1- 超過百家使用口碑肯定

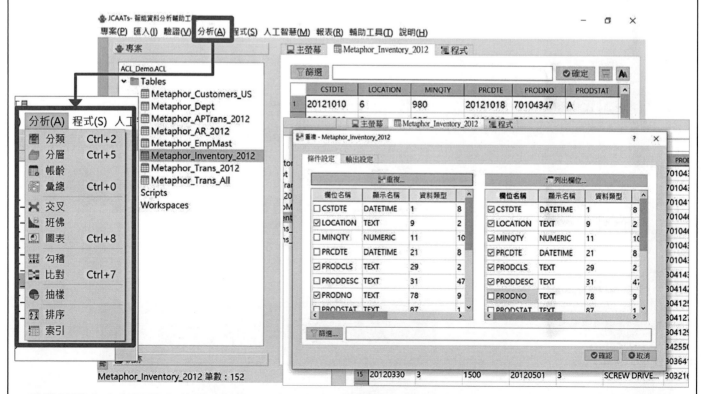

提供繁體中文與視覺化使用者介面，更多的人工智慧功能、更多的文字分析功能、更強的圖形分析顯示功能。目前JCAATs 可以讀入 ACL專案顯示在系統畫面上，進行相關稽核分析，使用最新的JACL 語言來執行，亦可以將專案存入ACL，讓原本ACL 使用這些資料表來進行稽核分析。 16

AI Audit Software
人工智慧新稽核

JCAATs為 AI 語言 Python 所開發新一代稽核軟體，**遵循AICPA稽核資料標準**，具備傳統電腦輔助稽核工具 (CAATs) 的**數據分析功能**外，更包含許多人工智慧功能，如**文字探勘**、**機器學習**、**資料爬蟲**等，讓稽核分析更加智慧化，**提升稽核洞察力**。

JCAATs功能強大且易於操作，可分析大量資料，**開放式資料架構**，可與**多種資料庫**、**雲端資料源**、**不同檔案類型**及 **ACL 軟體介接**，讓稽核資料收集與融合更方便與快速。**繁體中文與視覺化使用者介面**，不熟悉 Python 語言的稽核或法遵人員也可透過**介面簡易操作**，輕鬆產出 Python 稽核程式，並可與廣大免費之開源 Python 程式資源整合，讓稽核程式具備**擴充性和開放性**，不再被少數軟體所限制。

JCAATs 人工智慧新稽核

世界第一套可同時
於Mac與PC執行之通用稽核軟體

繁體中文與視覺化的使用者介面

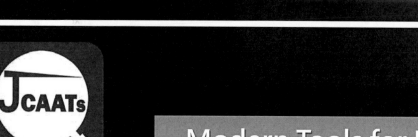

Modern Tools for Modern Time

JCAATs AI人工智慧功能

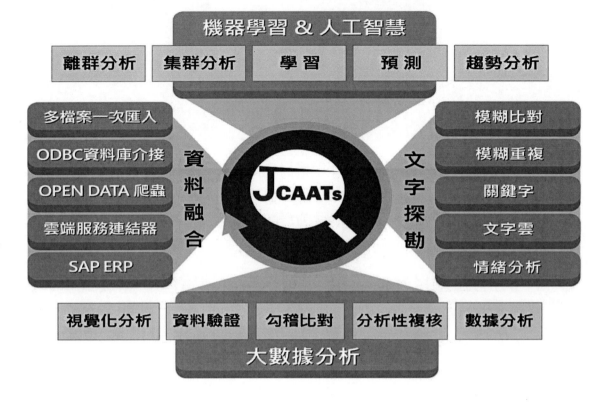

機器學習 & 人工智慧

| 離群分析 | 集群分析 | 學 習 | 預 測 | 趨勢分析 |

資料融合

文字探勘

多檔案一次匯入
ODBC資料庫介接
OPEN DATA 爬蟲
雲端服務連結器
SAP ERP

模糊比對
模糊重複
關鍵字
文字雲
情緒分析

| 視覺化分析 | 資料驗證 | 勾稽比對 | 分析性複核 | 數據分析 |

大數據分析

*JACKSOFT為經濟部技術服務能量登錄AI人工智慧專業訓練機構

19

使用Python-Based軟體優點

- 運作快速
- 簡單易學
- 開源免費
- 巨大免費程式庫
- 眾多學習資源
- 具備擴充性

Python

- 是一種廣泛使用的直譯式、進階和通用的程式語言。Python支援多種程式設計範式,包括函數式、指令式、結構化、物件導向和反射式程式。它擁有動態型別系統和垃圾回收功能,能夠自動管理記憶體使用,並且其本身擁有一個巨大而廣泛的標準庫。

- Python 語言由Python 軟體基金會(Python Software Foundation) 所開發與維護,使用OSI-approved open source license 開放程式碼授權,因此可以免費使用

- https://www.python.org/

Python

- 美國 Top 10 Computer Science (電腦科學)系所中便有 8 所採用 Python 作為入門語言。

- 通用型的程式語言

- 相較於其他程式語言,可閱讀性較高,也較為簡潔

- 發展已經一段時間,資源豐富

  - 很多程式設計者提供了自行開發的 library (函式庫),絕大部分都是開放原始碼,使得 Python 快速發展並廣泛使用在各個領域內。

  - **各種已經寫好的機器學習範本程式很多**

  - 許多資訊人或資料科學家使用,有問題也較好尋求答案

AI人工智慧新稽核生態系

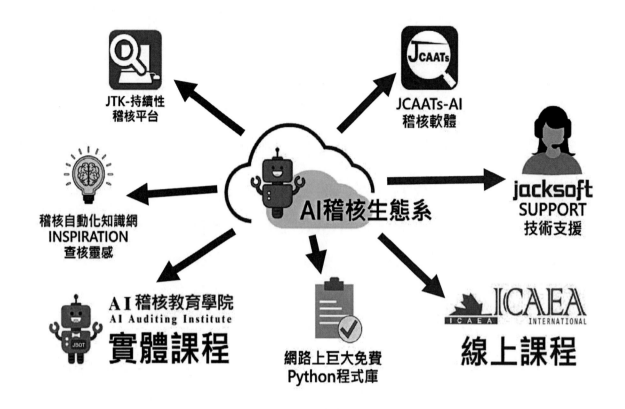

23

JCAATs特點--智慧化海量資料融合

- JCAATS 具備有人工智慧自動偵測資料檔案編碼的能力，讓你可以輕鬆地匯入不同語言的檔案，而不再為電腦技術性編碼問題而煩惱。

- 除傳統資料類型檔案外，JCAATS可以**整批匯入**雲端時代常見的PDF、ODS、JSON、XML等檔類型資料，並可以輕鬆和 ACL 軟體交互分享資料。

- 提供OPEN DATA連結器與資料爬蟲功能，輕鬆取得外部資料提升資料驗證品質。

24

JCAATs特點--人工智慧文字探勘功能

- 提供可以自訂專業字典、停用詞與情緒詞的功能，讓您可以依不同的查核目標來自訂詞庫組，增加分析的準確性，**快速又方便的達到文字智能探勘稽核的目標。**

- 包含多種文字探勘模式如**關鍵字、文字雲、情緒分析**、模糊重複、模糊比對等，透過文字斷詞技術、文字接近度、TF-IDF 技術，可對多種不同語言進行文本探勘。

25

AICPA美國會計師公會稽核資料標準

美國會計師公會(AICPA)稽核資料標準
(Audit Data Standards)

JCAATs AI稽核軟體稽核資料下載與資料準備機器人(JBOT)
係參考AICPA 年公告稽核資料標準 (Audit Data Standards)據以開發:

- Audit Data Standard--Base Standard
  (稽核資料表標準--基本原則說明)

- General Ledger Standard
  (總帳資料查核標準)

- Order to Cash Subledger Standard
  (銷售訂單到收款現金分類帳查核標準)

- Procure to Pay Subledger Standard
  (採購到付款支付分類帳查核標準)

- Inventory Subledger Standard (存貨分類帳查核標準)

- Fixed Asset Subledger Standard (固定資產分類帳查核標準)

參考資料來源:
https://us.aicpa.org/interestareas/frc/assuranceadvisoryservices/auditdatastandardworkinggroup.html　27

電腦稽核專案步驟與指令實習

➤ 可透過JCAATs AI稽核軟體，有效完成專案，
包含以下六個階段：

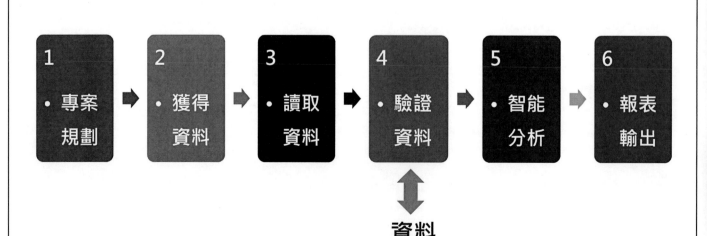

28

指令實習—離群 (Outlier)

標準差（標準偏差、均方差，**Standard Deviation**，**SD**），數學符號**σ**（sigma）：
為變異數開算術平方根，反映組內個體間的離散程度。

以常態分配資料而言，三個標準差之內（深藍，藍，淺藍）的比率合起來為99.7%

國際電腦稽核教育協會線上學習資源

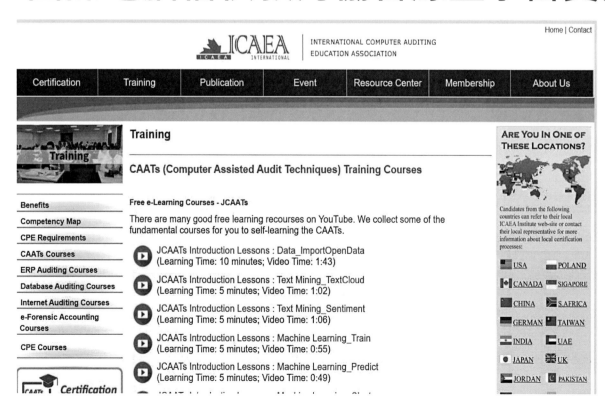

https://www.icaea.net/English/Training/CAATs_Courses_Free_JCAATs.php

AI稽核軟體--機器學習 (Outlier)

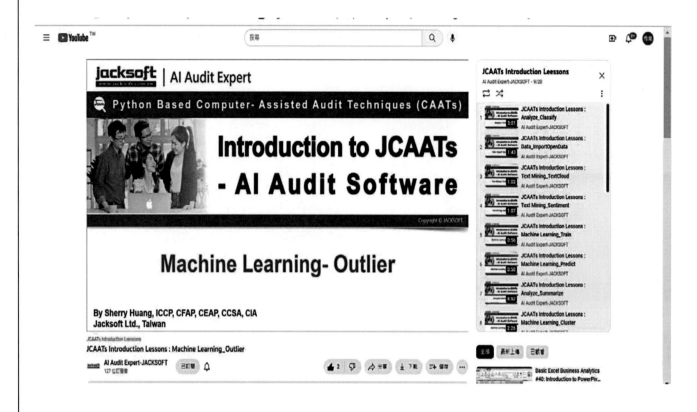

https://www.icaea.net/English/Training/CAATs_Courses_Free_JCAATs.php

---

指令實習—分層 Stratify

> 在JCAATs系統中，提供使用者檢查數字資料分層的指令為**分層(Stratify)**，可應用於查核異常庫存數量、庫存金額等......。讓查核人員可以快速的進行分層分析工作。

武功秘笈- 分層大法

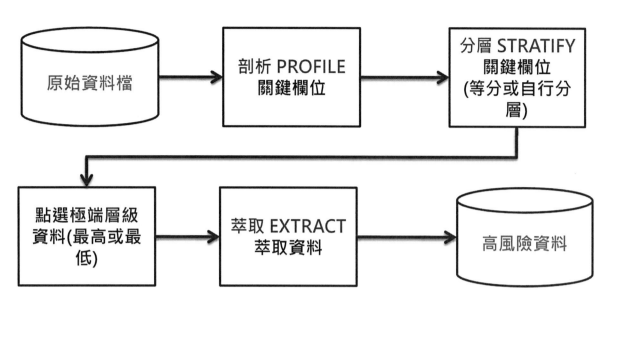

JCAATs指令說明—比對 JOIN

在JCAATs系統中，提供使用者可以運用**比對(JOIN)**指令，透過相同鍵值欄位結合兩個資料檔案進行比對，並產出成第三個比對後的資料表。

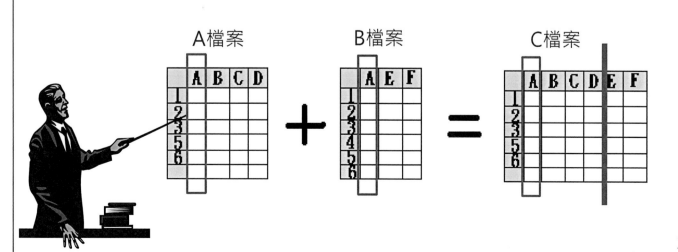

比對(Join)的運用

◆ 此指令是將**二個資料表**依**鍵值欄位**與所選擇的條件**聯結成一個新資料表**

◆ 當在進行合併運算時，由於包含二個資料表，先開啟的資料表稱為**主表**(primary)，第二個檔案稱為**次表**(secondary)

  ➢ 使用Join時請注意，哪一個表格是主要檔，哪一個是次要檔。

◆ 使用Join指令可從兩個資料表中結合欄位到第三個資料表。要特別注意，任意兩個欲建立關聯或聯結的資料表必須有個能夠辨認的特徵欄位，這個欄位稱為**鍵值欄位**

比對(Join)的六種分析模式

➢狀況一：保留對應成功的主表與次表之第一筆資料。
    (Matched Primary with the first Secondary)

➢狀況二：保留主表中所有資料與對應成功次表之第一筆資料。
    (Matched All Primary with the first Secondary)

➢狀況三：保留次表中所有資料與對應成功主表之第一筆資料。
    (Matched All Secondary with the first Primary)

➢狀況四：保留所有對應成功與未對應成功的主表與次表資料。
    (Matched All Primary and Secondary with the first)

➢狀況五：保留未對應成功的主表資料。
    (Unmatched Primary)

➢狀況六：保留對應成功的所有主次表資料
    (Many to Many)

JCAATs 比對(JOIN)指令六種類別

	JCAATs	
1	Matched Primary with the first Secondary	
2	Matched All Primary with the first Secondary	
3	Matched All Secondary with the first Primary	
4	Matched All Primary and Secondary with the first	
5	Unmatch Primary	
6	Many to Many	

比對 (Join)指令使用步驟

1. 決定比對之目的
2. 辨別比對兩個檔案資料表，主表與次表
3. 要比對檔案資料須屬於同一個JCAATS專案中。
4. 兩個檔案中需有共同特徵欄位/鍵值欄位
   (例如：員工編號、身份證號)。
5. 特徵欄位中的資料型態、長度需要一致。
6. 選擇比對(Join)類別:
   - A. Matched **Primary** with the first Secondary
   - B. Matched All Primary with the first Secondary
   - C. Matched All Secondary with the first Primary
   - D. Matched All Primary and Secondary with the first
   - E. Unmatched **Primary**
   - F. **Many to Many**

比對(Join)指令操作方法

■ 使用比對(Join)指令：

1. 開啟比對Join對話框
2. 選擇主表 (primary table)
3. 選擇次表 (secondary table)
4. 選擇主表與次表之關鍵欄位
5. 選擇主表與次表要包括在結果資料表中之欄位
6. 可使用篩選器(選擇性)
7. 選擇比對(Join) 執行類型
8. 給定比對結果資料表檔名

比對(Join)練習基本功

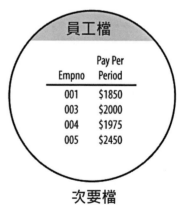

⑤ Unmatched Primary

① Matched Primary with the first Secondary

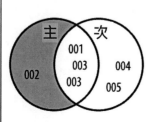

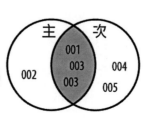

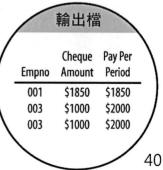

比對(Join)練習基本功

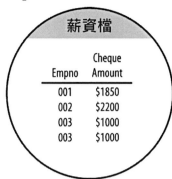

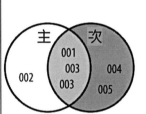

③ Matched All Secondary with the first Primary

② Matched All Primary with the first Secondary

41

比對(Join)練習基本功

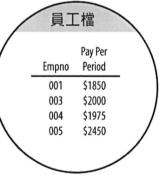

④ Matched All Primary and Secondary with the first

42

比對(Join)練習基本功

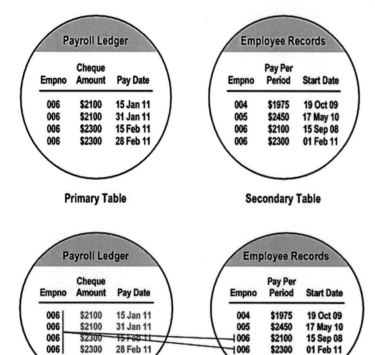

Primary Table

Secondary Table

1. 找出支付單與員工檔中相同員工代號所有相符資料
2. 篩選出正確日期之資料
3. 比對支付單中實際支付與員工檔中記錄薪支是否相符

Many-to-Many

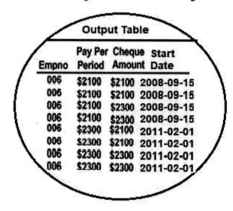

Primary Table

Secondary Table

比對 Join – 條件設定

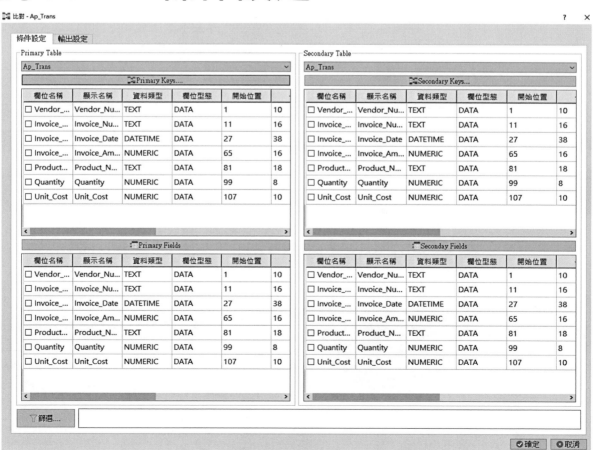

比對 Join – 輸出設定

比對 - Emp_Master_ALL   ✕

條件設定   **輸出設定**

結果輸出

○ 螢幕   ● 資料表   [名稱...] [_____]

□ 附加到現存資料表

比對類型

○ ● Matched Primary with the first Secondary
○ ○ Matched All Primary with the first Secondary
○ ○ Matched All Secondary with the first Primary
○ ○ Matched All Primary and Secondary with the first
○ ○ Unmatch Primary
○ ○ Many to Many

✔確定   ✖取消

jacksoft | AI Audit Expert

www.jacksoft.com.tw

實務案例上機演練一：
內外部資料匯入練習

一.OPEN DATA資料匯入—

1.美國財政部SDN 名單

2.政府採購網公告拒往名單

二.資料匯入練習：內部資料匯入

3.檔案資料匯入：Excel資料檔、CSV資料檔

4.透過資料倉儲取用:複製其他專案

1.外部資料匯入—OFAC SDN

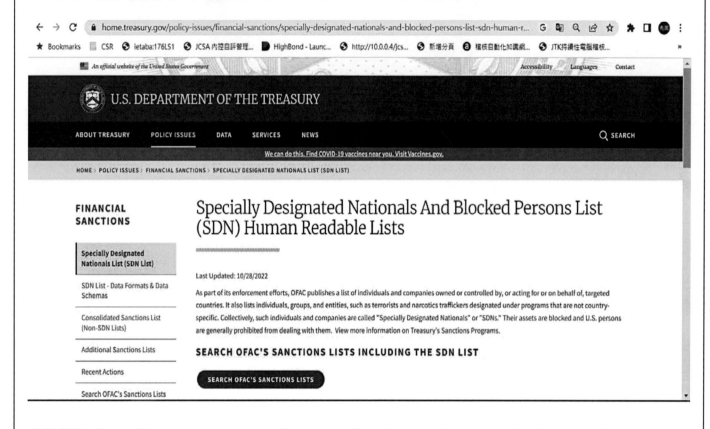

資料來源：https://home.treasury.gov/policy-issues/financial-sanctions/specially-designated-nationals-list-data-formats-data-schemas

47

複製連結網址

挑選需匯入的檔案後，按右鍵>複製連結網址

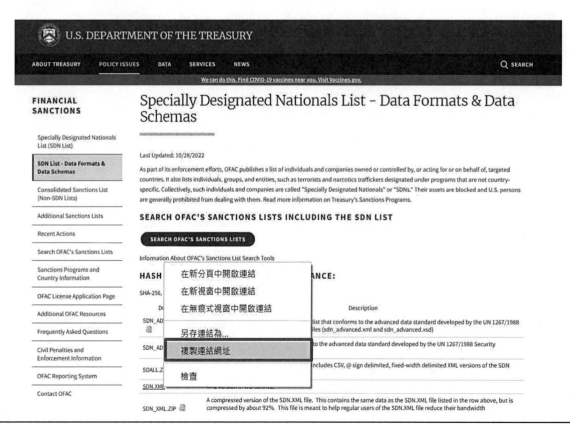

48

JCAATs AI 稽核軟體--新增專案與資料表

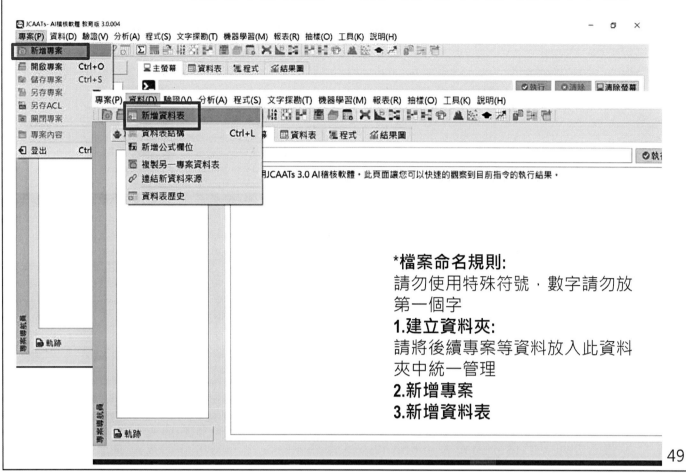

*檔案命名規則:
請勿使用特殊符號，數字請勿放第一個字
1.建立資料夾:
請將後續專案等資料放入此資料夾中統一管理
2.新增專案
3.新增資料表

49

資料匯入精靈—OPEN DATA連結器

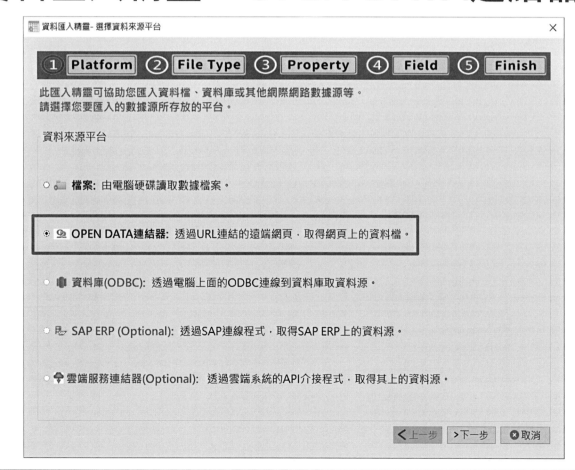

50

貼入公告資料網址與選擇檔案類型

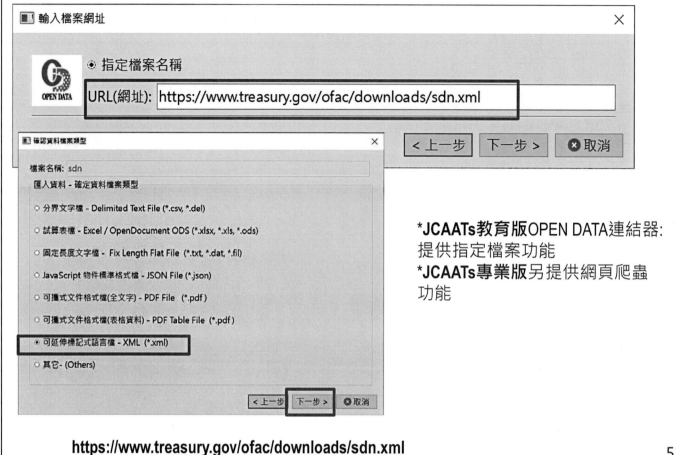

*JCAATs教育版OPEN DATA連結器:
提供指定檔案功能
*JCAATs專業版另提供網頁爬蟲
功能

https://www.treasury.gov/ofac/downloads/sdn.xml

選擇匯入資料表—SDN Entry

依照匯入精靈指引依序完成

*以上資料筆數會因為公告資料不同時間下載有所改變

2.外部資料匯入—
政府採購網公告拒往名單

https://web.pcc.gov.tw/pis/prac/downloadGroupClient/readDownloadGroupClient?id=50003004

辨識資料特徵

資料特徵：**設定開始列數為1**，新內容會顯示於下方。
設定完畢後點選「下一步」

55

政府採購網公告拒往名單 - 匯入結果

*以上資料筆數會因為公告資料不同時間下載有所改變

56

依拒往「廠商名稱」進行分類分析

依拒往「廠商負責人」進行分類分析

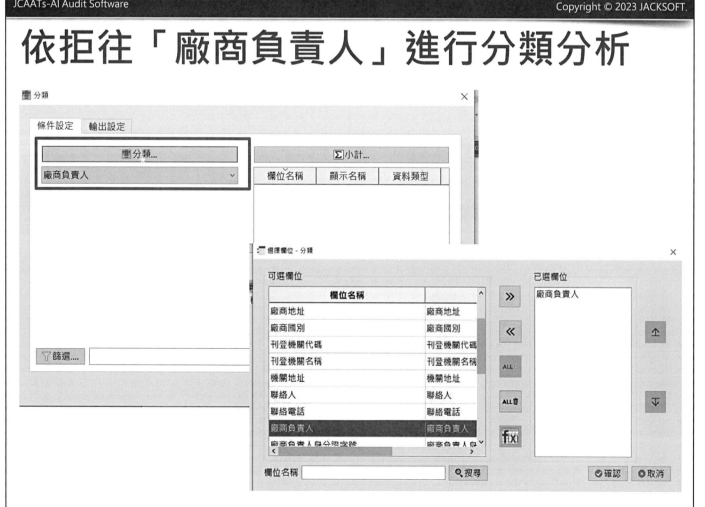

依拒往「廠商負責人」進行分類分析

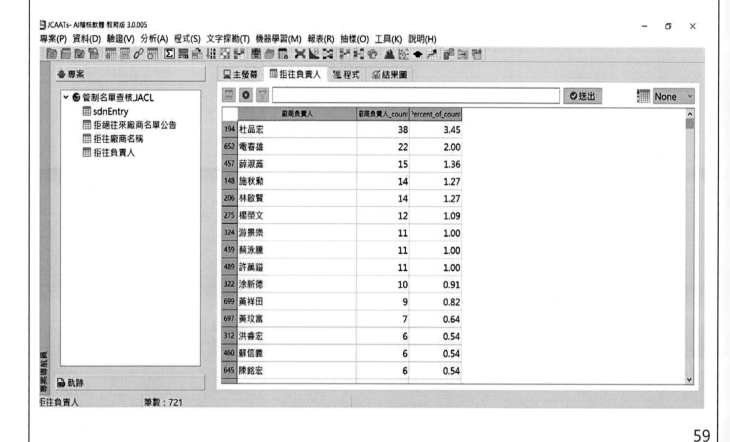

圖形化快速標示拒往資料

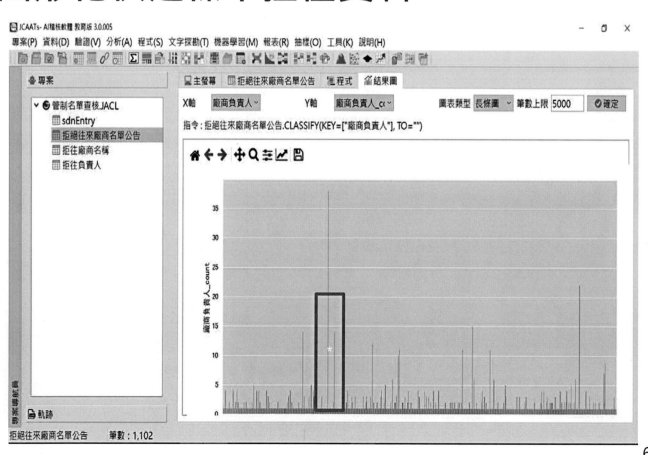

往下鑽探Drill Down可篩選相關資料

61

自行練習：請分析拒往廠商聯絡人

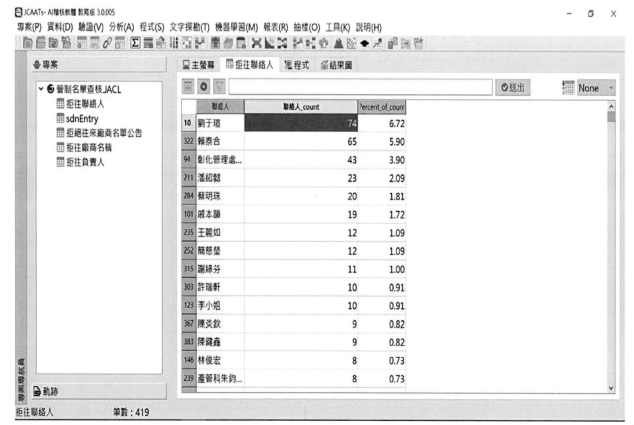

62

拒往廠商聯絡人分類分析-圖表結果

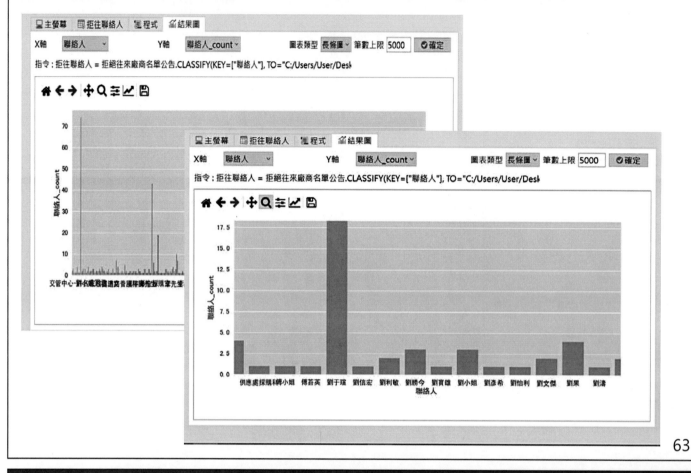

異常聯絡人-相同聯絡人不同公司

3.內部資料匯入:檔案資料匯入-Excel

4.透過資料倉儲取得查核資料

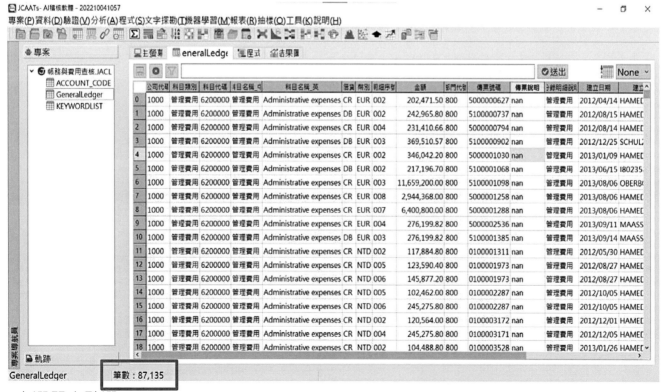

自選單中點選:
資料->複製其他專案
選擇所需要複製的專案後,依據完成資料連結

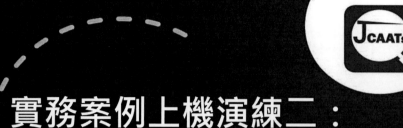

實務案例上機演練二：資料驗證與分析

Copyright © 2023 JACKSOFT.

一.資料分析—分類(Classify)
分析總帳包含多少家公司帳務資料?

二.資料分析：分層(Stratify)
透過帳戶金額分層測試(Stratify)，找出需重點查核項目

67

Copyright © 2023 JACKSOFT.

1.資料驗證：
分析總帳包含多少家公司帳務資料?

– 使用分類指令（Classify）可以去演算每一個文字欄內唯一值的資料，並產生記錄個數與其他數值欄位的小計值，也會將每一分類的記錄個數顯示在指令輸出的計數欄位中。

– 使用Classify 指令即可以分析出目前查核母體的公司數。

68

分析總帳包含多少家公司帳務資料？

STEP 01：開啟「 GeneralLedger 」資料表
STEP 02：從**功能列(Menu Bar)**開啟**分析(Analyze)**，再選取分類指令
STEP 03：分類欄位選擇「公司代碼」，小計欄位選擇依「金額」加總

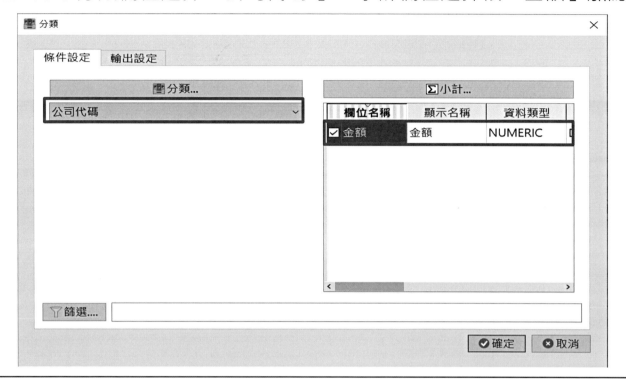

分析總帳包含多少家公司帳務資料？

STEP 04：點選**輸出設定**
STEP 05：結果輸出選擇**資料表**，並取名為「分類_公司別」，按確定

驗證結果：共有11家公司帳務資料

	公司代碼	金額_sum	金額_count	cent_of_cou	Percent_of_field
0	1000	35,486,610,724.48	34,713	39.84	71.99
1	2000	356,705,089.22	822	0.94	0.72
2	2500	1,458,926,288.00	12,484	14.33	2.96
3	3000	9,148,060,992.72	18,635	21.39	18.56
4	5000	12,185,236.59	71	0.08	0.02
5	CPFO	36,600,000.00	18	0.02	0.07
6	F100	1,736,757,489.00	11,611	13.33	3.52
7	R100	183,324,042.81	1,210	1.39	0.37
8	R200	695,260,321.00	6,876	7.89	1.41
9	R300	142,254,701.05	295	0.34	0.29
10	R999	40,289,185.00	400	0.46	0.08

專案 / 主螢幕 / 分類_公司別 / 程式 / 結果圖

帳務與費用查核...
ACCOUNT_...
KEYWORDLI...
GeneralLed...
分類_公司別

軌跡

分類_公司別   筆數：11

2.資料分析： 帳戶金額分層測試(Stratify)

- 了解目前查核的總帳資料金額的分佈狀況?
- 使用資料分層（Stratifying Data）指令去計算落在數值欄位或運算值的特定區間或層級的記錄，並且分層可對一個或多個欄位來進行加總小計，將每一層的記錄個數顯示在指令輸出的計數欄位中
- 使用Stratify 指令可以不用事先排序資料表格上的資料，它可以去計算落在特定數字區間的記錄，並對所選擇的數值欄位提供各分層的加總值。

資料分層指令的操作

使用初始設定平均分層的方式：
STEP 01：開啟「 GeneralLedger 」資料表
STEP 02：從**功能列(Menu Bar)**中，選取「分析(Analyze)」下
拉式選單，選擇「分層(Stratify)」，就會顯示出分層的對話框。

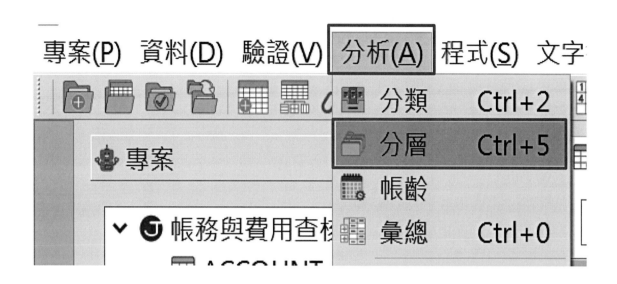

分層Stratify對話框

STEP 03：分層欄位選擇「金額」，分層數選擇預設**等分**，小計欄位選擇依「金額」加總
值區間：會直接帶出所選分層欄位的最大、最小值

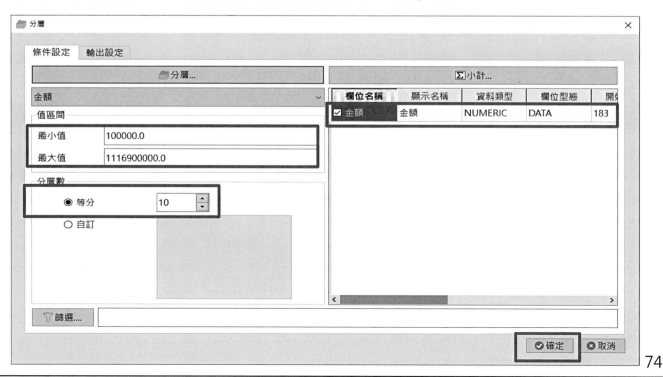

分層Stratify分析結果

JACL >>GeneralLedger.STRATIFY(KEY=["金額"], SUBTOTAL = ["金額"], INTERVAL = [10], MINIMUM = [100000.0], MAXIMUM = [1116900000.0], TO="")
Table : GeneralLedger
Note: 2022/10/04 15:21:49
Result - 筆數 : 10

金額_interval	金額_sum	金額_count	Percent_of_count	Percent_of_field
100000.0 ~ 111780000.0	21,967,080,714.67	87,095	99.95	44.56
111780000.1 ~ 223460000.0	1,984,317,965.50	11	0.01	4.03
223460000.1 ~ 335140000.0	291,480,000.00	1	0.00	0.59
335140000.1 ~ 446820000.0	1,500,827,920.70	4	0.00	3.04
446820000.1 ~ 558500000.0	0.00	0	0.00	0.00
558500000.1 ~ 670180000.0	571,573,334.00	1	0.00	1.16
670180000.1 ~ 781860000.0	714,466,667.50	1	0.00	1.45
781860000.1 ~ 893540000.0	857,266,667.50	1	0.00	1.74
893540000.1 ~ 1005220000.0	3,931,720,000.00	4	0.00	7.98
1005220000.1 ~ 1116900000.0	17,478,240,800.00	17	0.02	35.45

jacksoft | AI Audit Expert

實務案例上機演練三：
異常離群(Outlier)分析查核

1.費用科目離群分析
2.自行練習: 研發費用離群分析

Outlier查核目標說明

◆在系統中，應收帳款(AR),應付帳款(AP),和日記帳分錄交易類型的資料通常會進入總帳(GL) ，像總帳(GL)來源如此眾多的交易和類型，**我們如何挑選不尋常或可疑的活動？**

◆有一種方法是**查核總帳金額偏離平均值且超過正常狀態下標準偏差的交易**。這些離離資料被稱為異常值，在我們的第三個採購章節的測試中，過多的採購，視為我們要尋找的異常值。但因為典型的交易金額可以非常廣泛的從一個帳戶到另一個帳戶，我們將在每個總帳帳戶中查找異常值。這樣做，我們將可以確定每個帳戶過帳的多寡，然後查找異常的過帳。我們會考慮到，有些帳戶本質上會有很大範圍的交易量，但有些帳戶的交易量範圍反而會很狹小。

Outlier查核目標說明

利用**離群(OUTLIER)分析**可以找出交易中不尋常的資料。我們將分析該帳戶的模式，以找出其交易的異常(在總帳中，來源較為複雜，可能有許多大於或小於50萬美元的日記帳分錄，故我們在分析時，交易門檻不應調太高) ，了解在這個異常中，大幅的偏離交易金額與匯到帳戶預計金額之間的差異，以利進一步查核。

註：此課堂操作中，有幾個步驟較為複雜，如果統計背景的比較能幫助理解原理。

GL帳戶離群異常值分析

➤ 存在風險

總帳的資訊來自各種不同作業，使總帳成為一個淺在異常
極高的區域。

➤ 查核目標

找出每個總帳科目勇

統計標準差的計算方式與應用

- 標準差（英文稱為 Standard Deviation），在統計中最常被使用作為機率分佈程度上的測量標準，標準差的數學符號為σ。在實務上，若稽核人員認為查核的資料數據中具有近似於常態分布的機率分布，則會有下列3種狀況：

1. 約 68% 數值分佈在距離平均值有 1 個標準差之內的範圍。
2. 約 95% 數值分佈在距離平均值有 2 個標準差之內的範圍。
3. 約 99.7% 數值分佈在距離平均值有 3 個標準差之內的範圍。

運用CAATs，可以快速的計算出要分析的資料的標準差，所以稽核人員可以依據此資料再進一步的進行分析。

統計上「68-95-99.7 法則」

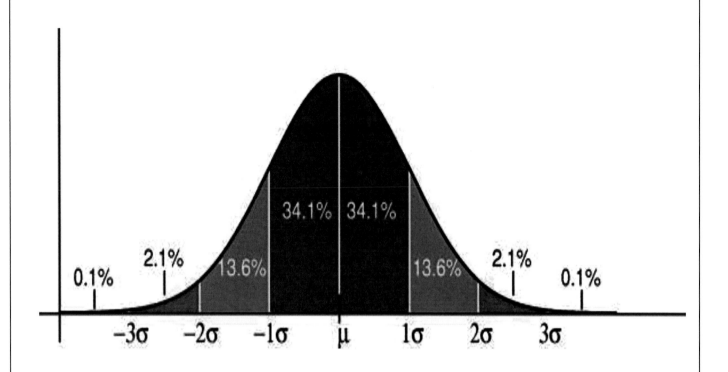

81

什麼是標準差?

- 標準差是一組數值自平均值分散開來的程度的一種測量觀念。一個較大的標準差，代表大部分的數值和其平均值之間差異較大；一個較小的標準差，代表這些數值較接近平均值。

標準差公式：

平均數 = 總價值/數量

差異數 = 平均數 - 值

變異數 = 差異數²

平均方差 = 變異數總和/數量

標準差 = √ 平均方差

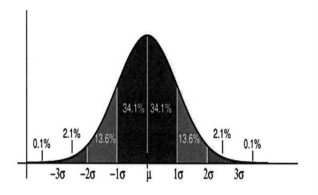

82

標準差計算範例

- 計算五筆記錄的值欄位標準差
  ((25,100,75,125和75))

平均數= 總價值/數量
(25+100+75+125+75)/5=80

差異數=平均數-值
變異數=差異數²
總變異數
=3025+400+25+2025+25
=5500

平均方差=變異數總和/數量
=(5500)/5=1100

標準差= √ 平均方差
=√1100=33.17

值	計算	差異數	變異
25	80-25	$55	$3025
100	80-100	$20	$400
75	80-75	$5	$2025
125	80-125	$45	$25
75	80-75	$5	$550

標準差&信心水準檢定標準

- 項目>1.65的標準差代表90%的信賴度。
- 項目>2的標準差代表95%的信賴度。
- 若我們採用信賴度為90%，則差異超過標準差的1.65倍值，就是差異值。

值	平均數	差異數	平均方差	ABS(差異)>(33.17*1.65)
$25	$80	$55	33.17	True
$100	$80	$20	33.17	False
$75	$80	$5	33.17	False
$125	$80	$45	33.17	False
$75	$80	$5	33.17	False

差異值= ABS (平均值-值)ABS ( ) 函數為計算數字的絕對值。

平均數 V.S 中位數

- **平均數**(或稱平均值)(Average)是統計中的一個重要概念。為集中趨勢的最常用測度值，目的是確定一組數據的均衡點。

- **中位數**(Median)中位數是指將數據按大小順序排列起來，形成一個數列，居於數列中間位置的那個數值。

平均數 V.S 中位數

- 平均數很容易受到離群值的影響，因此，平均數會偏向離群值多的一方。

- 中位數不易受到離群值的影響，因此，如果您要檢查異常值的數據明顯偏差，中位數可能會生成更能代表大量數據的結果。

➢ 如果使用中位數，則必須對異常值字段(在此為交易金額)進行排序。如果尚未對異常值字段進行排序，請使用PRESORT 。

OUTLIER 分析指令-上機演練

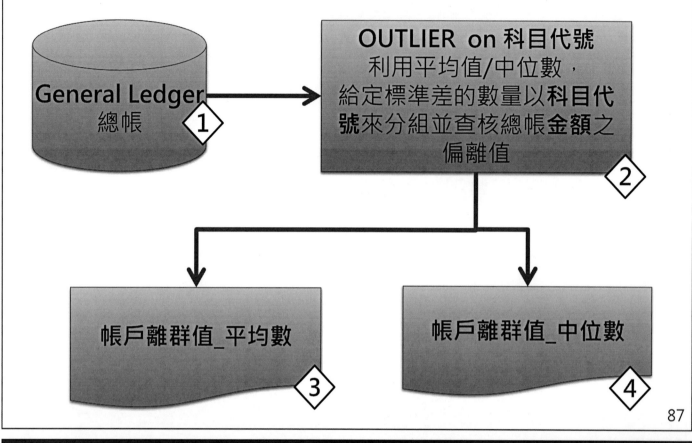

異常離群(Outlier)分析查核--費用科目

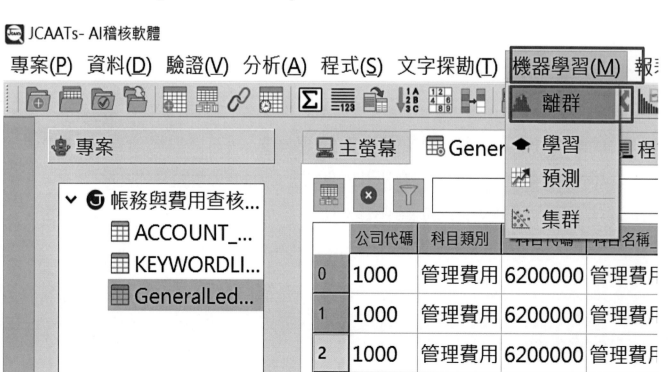

■ 點選 機器學習 → 離群

異常離群(Outlier)分析-平均數

平均數操作步驟說明：

1. **離群鍵**：選擇科目代碼為分析主鍵

2. **離群值**：需選擇金額

3. **學習類型**選擇：平均數(Mean)

4. **標準差倍數**設定為3

5. **列出欄位**：全選

6. **輸出設定**：將分析結果命名：科目離群分析_3_平均數

7. 點選「確定」

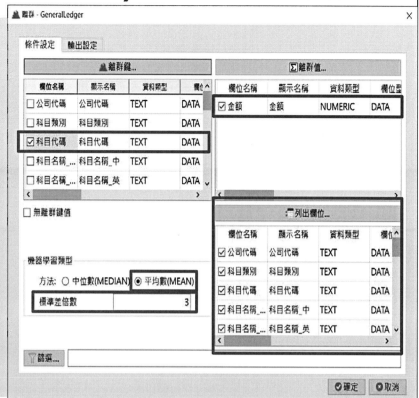

89

離群 OUTLIER分析結果-平均數

離群異常資料共465筆

90

深入分析—依科目分類(CLASSIFY)

JACL >>科目離群分析_3_平均數.CLASSIFY(KEY=["科目名稱_中"], TO="")
Table：科目離群分析_3_平均數
Note: 2022/10/04 15:34:12
Result - 筆數：39

科目名稱_中	科目名稱_中_count	Percent_of_count
Advances received on contr	3	0.65
Clearing Account - Company	2	0.43
Clearing with Business Are	2	0.43
Collection expenses	31	6.67
Credit institutions : fixe	2	0.43
Dividends and directors' e	2	0.43
External procurement costs	1	0.22
Factory output of producti	1	0.22
Market Event - Gener	2	0.43
Royal Bank of Canada - dom	1	0.22
Stock trans.expense	2	0.43
一般材料	6	1.29
交際費	235	50.54

交際費科目共有235筆離群異常資料，需加強查核

離群值異常分析—交際費

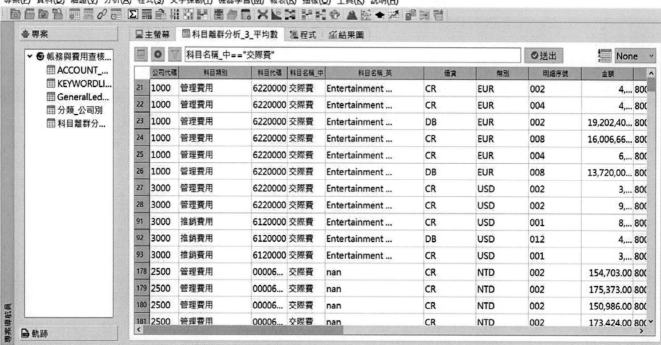

自行練習：研發費用Outlier分析

- 請說明分析結果有何異常?

自行練習：研發費用Outlier分析

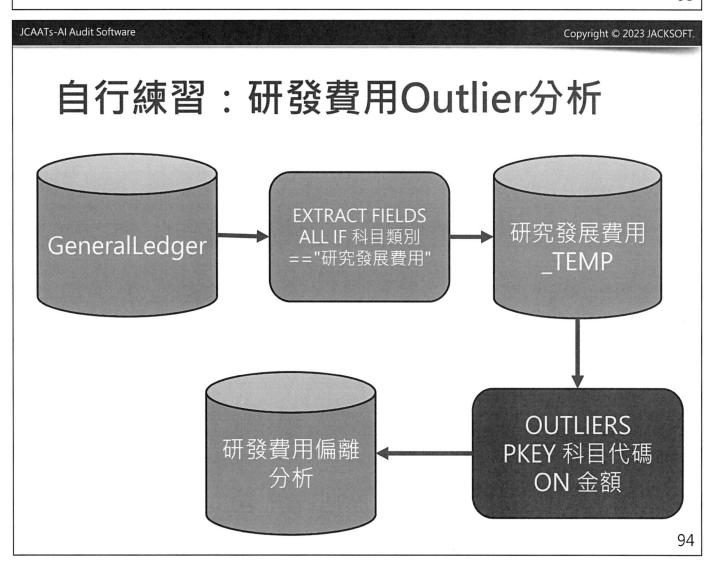

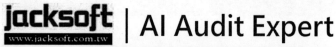

實務案例上機演練四：

Copyright © 2023 JACKSOFT.

異常離群(Outlier)分析查核
--子公司監理

95

上機演練：子公司監理
公司+科目代碼金額離群OUTLIER分析-中位數

中位數操作步驟說明：

1. **離群鍵**：選擇公司代碼、科目代碼為分析主鍵

2. **離群值**：需選擇金額

3. **學習類型**選擇：中位數(Median)

4. **標準差倍數**設定為3

5. **列出欄位**：全選

6. **輸出設定**：將分析結果命名：科目離群分析_3_中位數

7. 點選「確定」

96

公司科目代碼金額OUTLIER分析-中位數

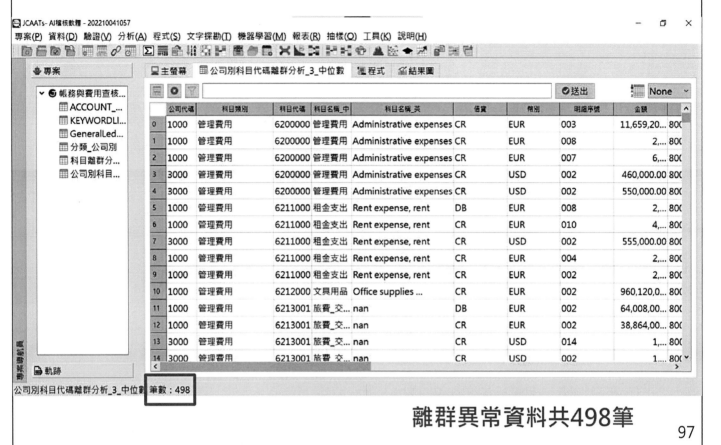

離群異常資料共498筆

97

深入分析-依公司+科目彙(Summarize)

公司別2500之交際費科目共有224筆離群異常資料，
需加強查核

98

實務案例上機演練五：
請款內容異常文字探勘
--文字雲分析

99

Audit Data Analytic after COVID-19

Structured Data Unstructured Data

An
Enterprise

New Audit Data Analytic =

Data Analytic + Text Analytic + Machine Learning

Source: ICAEA 2021

100

文字探勘技術發展趨勢

»自然語言處理(NLP)與**文字探勘(Text mining)**被美國麻省理工學院MIT選為未來十大最重要的技術之一,其也是重要的跨學域研究。

»能先處理大量的資訊,再將處理層次提升

(Ex. **全文檢索→摘要→意見觀點偵測→找出意見持有者→找出比較性意見→做持續追蹤**→找出答案...

Info Retrieval→Text Mining→Knowledge Discovery

資料分析流程圖-
查核武功秘笈:文字雲分析

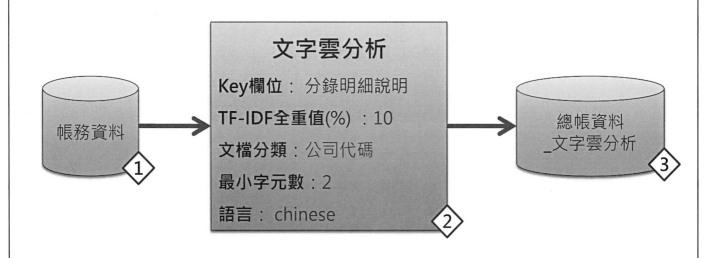

文字雲分析

Key欄位: 分錄明細說明

TF-IDF全重值(%) : 10

文檔分類:公司代碼

最小字元數:2

語言:chinese

帳務資料 ① → ② → 總帳資料_文字雲分析 ③

異常帳務查核-文字雲分析結果

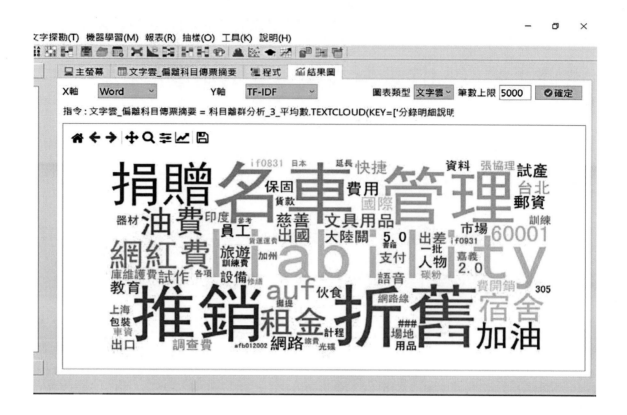

補充說明：什麼是TF-IDF 文字分析機器學習 TF-IDF演算法

» TF-IDF (Term Frequency - Inverse Document Frequency) 是在文字探勘、自然語言處理當中相當著名的一種文字加權方法，能夠反映出「詞彙」對於「文件」的重要性。

TF：詞頻 　　　　　IDF：逆向檔案頻率

» TF-IDF 的假設：

1. 一個「詞彙」越常出現在一篇「文件」中，這個「詞彙」越重要

2. 一個「詞彙」越常出現在多篇「文件」中，這個「詞彙」越不重要

參考資料：https://clay-atlas.com/blog/2020/08/01/nlp-%E6%96%87%E5%AD%97%E6%8E%A2%E5%8B%98%E4%B8%AD%E7%9A%84-tf-idf-%E6%8A%80%E8%A1%93/

TF-IDF

TF-IDF

篩選出重要的字詞

$$Score_{t,d} = tf_{t,d} \times idf_t$$

參考資料：對文本重點字詞加權的TF-IDF方法 | by JiunYi Yang (JY)

TF-IDF 公式

TF
(Term Frequency)
每個詞在每個文件出現的比率

$$\begin{matrix} & 文件1 & 文件2 & \cdots & 文件d & \cdots & 文件D \\ 詞1 & n_{1,1} & n_{1,2} & \cdots & n_{1,d} & \cdots & n_{1,D} \\ 詞2 & n_{2,1} & n_{2,2} & \cdots & n_{2,d} & \cdots & n_{2,D} \\ \vdots & \vdots & \vdots & \ddots & \vdots & \ddots & \vdots \\ 詞t & n_{t,1} & n_{t,2} & \cdots & n_{t,d} & \cdots & n_{t,D} \\ \vdots & \vdots & \vdots & \ddots & \vdots & \ddots & \vdots \\ 詞T & n_{T,1} & n_{T,2} & \cdots & n_{T,d} & \cdots & n_{T,D} \end{matrix} \rightarrow \begin{matrix} & 文件1 & 文件2 & \cdots & 文件d & \cdots & 文件D \\ 詞1 & tf_{1,1} & tf_{1,2} & \cdots & tf_{1,d} & \cdots & tf_{1,D} \\ 詞2 & tf_{2,1} & tf_{2,2} & \cdots & tf_{2,d} & \cdots & tf_{2,D} \\ \vdots & \vdots & \vdots & \ddots & \vdots & \ddots & \vdots \\ 詞t & tf_{t,1} & tf_{t,2} & \cdots & tf_{t,d} & \cdots & tf_{t,D} \\ \vdots & \vdots & \vdots & \ddots & \vdots & \ddots & \vdots \\ 詞T & tf_{T,1} & tf_{T,2} & \cdots & tf_{T,d} & \cdots & tf_{T,D} \end{matrix}$$

$$tf_{t,d} = \frac{n_{t,d}}{\sum_{k=1}^{T} n_{k,d}}$$

- TF (Term Frequency) **詞頻**
- 我們先把拆解出來的每個詞在各檔案出現的次數，一一列出，組成矩陣。接著當我們要把這個矩陣中，『詞1』在『文件1』的TF值算出來時，我們是用『**詞1在文件1出現的次數**』除以『**文件1中所有詞出現次數的總和(可說是總字數)**』。
  如此一來，我們才能在不同長度的文章間比較字詞的出現頻率。

參考資料：對文本重點字詞加權的TF-IDF方法 | by JiunYi Yang (JY)

TF-IDF 公式

IDF
(Inverse Document Frequency)

詞在所有文件的頻率
頻率越高表該詞越不具代表性，IDF值越小

譬如：你，我，他，或，於是，因此...

- IDF (Inverse Document Frequency) **逆向檔案頻率**
- 我們這裡用IDF，計算該詞的「**代表性**」。
由『文章數總和』除以『該字詞出現過的文章篇數』後，取log值*。 實際應用中為了避免分母=0，因此通常分母會是dt+1。

$$\mathrm{i\,d}f_t = \log\left(\frac{D}{\mathrm{d}t}\right)$$

TF-IDF

篩選出重要的字詞

$$Score_{t,d} = tf_{t,d} \times idf_t$$

參考資料：對文本重點字詞加權的TF-IDF方法 | by JiunYi Yang (JY)

107

TF-IDF 詞頻的應用

- 分析開放式調查研究的回應結果
- 分析產品保固、保險金理賠，以及診斷面談等內容
- 垃圾信件/訊息偵測
- 判別文章/訊息相似度
- 舞弊異常查核
- 機器學習關鍵字自動建立

參考資料：文字探勘之前處理與TF-IDF介紹 (ntu.edu.tw)

108

實務案例上機演練六：
請款內容異常文字探勘查核
~可疑的異常關鍵字分析
(Fuzzy MATCH)

查核大法：
Keyword或黑名單勾稽比對分析

- 用一個快速和搜尋大量的自由格式文字檔的方式來識別可疑交易，例如描述字段，黑名單或紅旗警示關鍵字。而哪些關鍵字是值得標示的，往往一行業的特性，有幾種通用要留意的，如「錯誤」，「調整」，「返回」等。

- 如果你第一次運用關鍵字搜索，有可能你的名單將是相當小的，但組織制定包含數千個黑名單或紅旗警示關鍵字是很常見的。

- 一些國際組織與專家也在網路上公開許多參考的名單。

查核武功秘笈- 高風險關鍵字大法

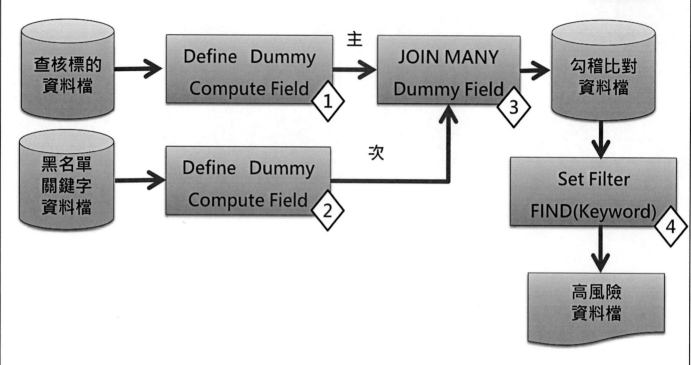

111

黑名單關鍵字的實務應用

關鍵字搜索可以使用在許多相關作業：

❖ 出差或交際費等費用開銷：查核旅遊，娛樂，採購卡等，我們可以搜索費用說明可疑的關鍵字。

❖ 資訊安全查核/個資遵循等：其中包含了weblog、email log等文件分析，我們可以搜索關鍵字，來查核員工進行非業務相關的高風險網站活動或寄送個資等。

❖ 公文簽核等：如果特定的簽核文字或人員，我們可以進一步縮小搜索這個報告的問題。

這些可能是無止境的，我希望你可以在這裡學到有效的關鍵字搜尋的方法。

112

STEP 1：黑名單關鍵字檔設定

黑名單關鍵字檔可以：

1.使用者行增加

2.透過文字機器學習
　自行產生

筆數：18

113

STEP 2：新增運算KEY欄位

1.設定欄位名稱：

　Key

2.初始值設定：

　"X"

3.點選「確定」

4.完成新增

114

於 KEYWORDLIST檔完成KEY欄位新增

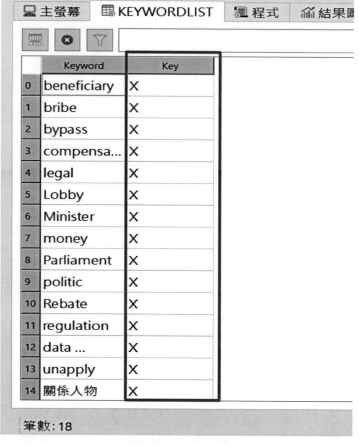

於GeneralLedger檔完成KEY欄位新增

STEP 2：JOIN MANY

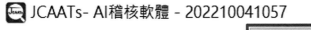
JCAATs- AI稽核軟體 – 202210041057

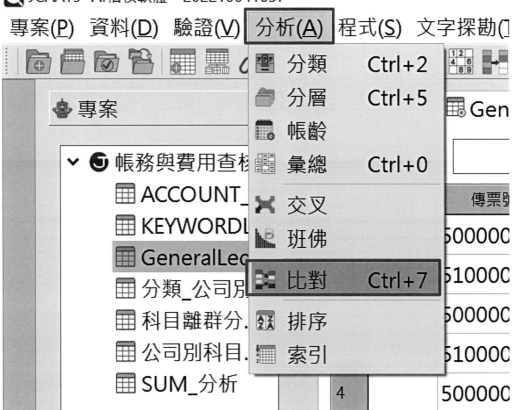

專案(P)　資料(D)　驗證(V)　分析(A)　程式(S)　文字探勘(

分類	Ctrl+2
分層	Ctrl+5
帳齡	
彙總	Ctrl+0
交叉	
班佛	
比對	Ctrl+7
排序	
索引	

117

比對JOIN MANY

比對步驟說明：

1. 選取次表：
   KEYWORDLIST

2. 主表關鍵欄位：
   Key

3. 次表關鍵欄位：
   Key

4. 主表所需欄位：
   全選

5. 次表所需欄位：
   Keyword

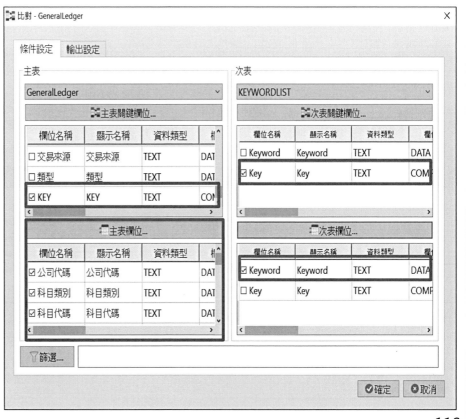

118

比對JOIN MANY

1. 輸出設定：將分析結果命名：GL_MANY

2. 比對類型：Many to Many

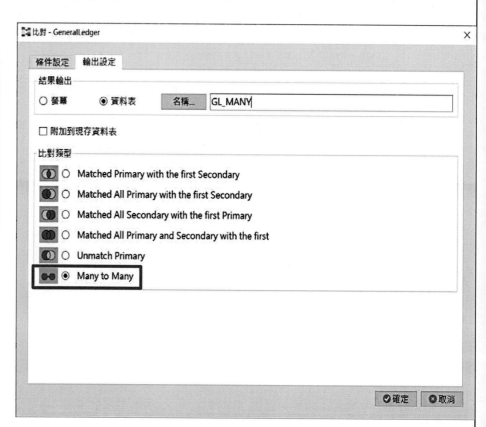

119

產出各種組合的狀態

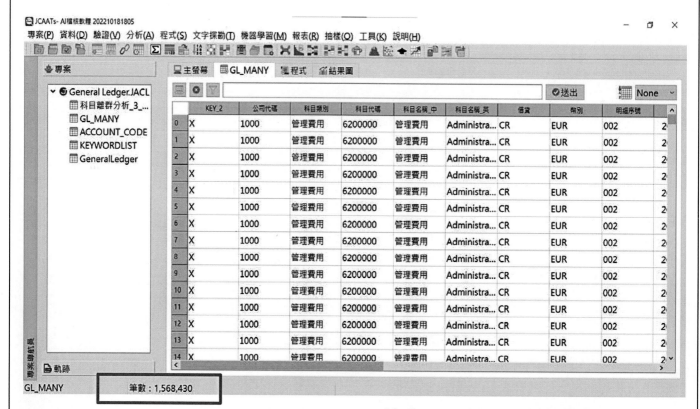

共有1,568,430筆資料

120

JCAATs技術百科:
搜尋函式使用說明 @find()

- JCAATs函式區分為**搜尋函式**、**文字函式**、**日期函式**、**數學函式**及**財金函式**等，透過技術百科，可以協助您精進使用方式。

- 以下跟大家介紹JCAATs AI稽核軟體中常用函式:

  @find()，此為搜尋函式。使用@find( )函式，允許分析人員快速地於大量資料中，找出包含指定資料值的記錄，可應用於關鍵字比對等。

Ps.更多進階JCAATs 函式使用技巧實務演練，歡迎上
稽核自動化知識網: JCAATs技術百科專區查閱

121

JCAATs函式說明 — @find()

在JCAATs系統中，若需要查找資料中是否包含特定資料，便可使用@find( )指令完成，允許查核人員快速地於大量資料中，找出包含指定資料值的記錄，故可應用於關鍵字比對等。
語法: @find(Field,val)

CUST_No	Date	Amount
795401	2019/08/20	-474.70
795402	2019/10/15	225.87
795403	2019/02/04	180.92
516372	2019/02/17	1,610.87
516373	2019/04/30	-1,298.43

CUST_No	Date	Amount
795401	2019/08/20	-474.70
795402	2019/10/15	225.87
795403	2019/02/04	180.92

範例篩選：@find(CUST_No,"7954")

122

STEP3：搜尋是否有關鍵字

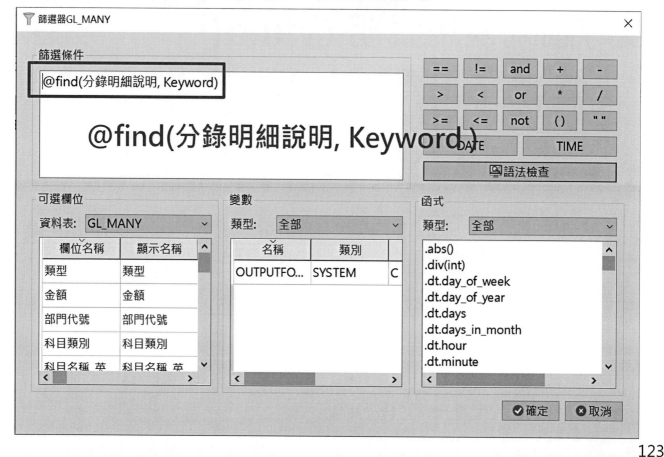

費用申請符合可疑關鍵字查核結果

共950筆需深入追查

RPA流程自動化-
費用異常稽核機器人
(Audit Robotics)實例演練

AI智慧化稽核流程

~透過最新AI稽核技術建構內控三道防線的有效防禦，
協助內部稽核由事後稽核走向事前稽核~

事後稽核

查核規劃
- 訂定系統查核範圍，決定取得及讀取資料方式

程式設計
- 資料完整性驗證，資料分析稽核程序設計

執行查核
- 執行自動化稽核程式

結果報告
- 自動產生稽核報告

事前稽核

成果評估
- 預測結果評估

預測分析
- 執行預測

機器學習
- 執行訓練

學習資料
- 建立學習資料

監督式機器學習　　　　非監督式機器學習

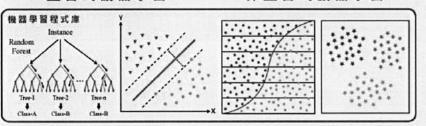

持續性稽核與持續性機器學習
協助作業風險預估開發步驟

持續性稽核規劃架構

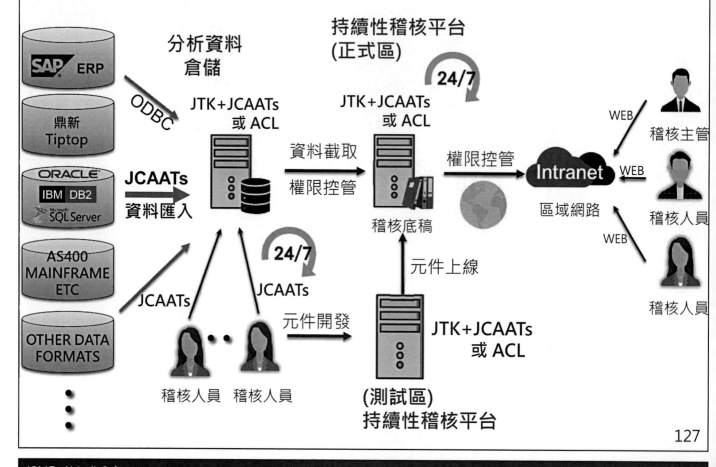

建置持續性稽核APP的基本要件

- **將手動操作分析改為自動化稽核**
  - 將專案查核過程轉為JCAATs Script
  - 確認資料下載方式及資料存放路徑
  - JCAATs Script修改與測試
  - 設定排程時間自動執行

- **使用持續性稽核平台**
  - 包裝元件
  - 掛載於平台
  - 設定執行頻率

如何建立JCAATs專案持續稽核

➤ **持續性稽核專案進行六步驟：**

1	2	3	4	5	6
• 資料	• 程式	• 設定	• 排程	• 執行	• 通知

▲ 稽核自動化：

電腦稽核主機 – 一天可以工作24 小時

JACKSOFT的JBOT
費用異常稽核機器人範例

JTK 持續性電腦稽核管理平台

提高稽核效率 發揮稽核價值

開發稽核自動化元件　　　經濟部發明專利第 I 380230號　　　稽核結果E-mail 通知

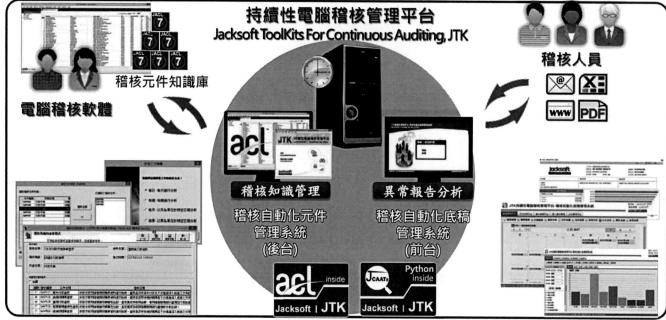

持續性電腦稽核管理平台
Jacksoft ToolKits For Continuous Auditing, JTK

電腦稽核軟體　　稽核元件知識庫

稽核知識管理
稽核自動化元件
管理系統
（後台）

異常報告分析
稽核自動化底稿
管理系統
（前台）

稽核人員

稽核自動化元件管理　　　　　　　　　稽核自動化底稿管理與分享

■稽核自動化：電腦稽核主機
一天24小時一周七天的為我們工作。

JTK | Jacksoft ToolKits For Continuous Auditing
The continuous auditing platform

131

JTK持續性稽核平台儀表板

JTK DASHBOARD儀表板系統-稽核

持續性風險分析儀表板

異常比率-稽核元件　高風險-受查主體　異常追蹤-稽核元件

JTK DASHBOARD儀表板系統-資料倉儲

持續性倉儲監控儀表板

倉儲資料

硬碟空間
系統磁碟　　資料磁碟
23%　　38%

查核區間
2020/02/01 ~ 2020/12/3

倉儲執行期間
2020/01/01 ~ 2021/01/01
Created 2021-5-12 11:47

倉儲總數	元件總數	系統總數	超市總數
12	76	3	45

異常樣態
63

C:\　　D:\、C:\
異常次數排名-作業
SAP基本資料
SAP採購及付款資料
SAP薪工資料
SAP生產資料
OPENDATA

JTK DASHBOARD儀表板系統-風險分析

受查主體風險分析儀表板

公司名稱：JACKSOFT COMMERCE AUTOMATION LTD
受查主體：人員名稱
極高　　高　　中　　低　　極低

	羅O鴻	羅O勇				
2020/12/01	94	12				
2020/11/01	54	0				
2020/10/01	58	1				
2020/09/01	15	2				
2020/08/01	7	12				
2020/07/01	14	0				
2020/06/01	10	1	16	93	73	11	14
2020/05/01	16	1	45	3	2	1	38
2020/04/01	3	11	5	40	13	0	3

132

ICAEA國際電腦稽核教育協會簡介

ICAEA(International Computer Auditing Education Association)國際電腦稽核教育協會，總部設於**電腦稽核軟體發源地-加拿大溫哥華地區**的非營利性的國際組織，全球超過18個國家有分支據點，專業證照會員超過20個國家。

ICAEA國際電腦稽核教育協會是最早以強化財會領域背景人士資訊科技職能的專業發展教育協會, 其提供一系列以實務為導向的課程與專業證照, 讓學員可以有效提升其data sharing, data analytics, data mining, data reporting and storage within and across organizations 的能力.

133

JTK 持續性電腦稽核管理平台

📢 **超過百家**客戶口碑肯定 持續性稽核**第一品牌**

無 逢 接 軌 AI 智慧稽核新作業環境

透過最新 AI 智能大數據資料分析引擎，進行持續性稽核 (Continuous Auditing) 與持續性監控 (Continuous Monitoring) 提升組織韌性，協助成功數位轉型，提升公司治理成效。

📁 海量資料分析引擎

利用CAATs不限檔案容量與強大的資料處理效能，確保100%的查核涵蓋率。

🔍 多維度查詢稽核底稿

可依稽核時間、作業循環、專案名稱、分類查詢等角度查詢稽核底稿。

🔒 資訊安全 高度防護

加密式資料傳遞、資料遮罩、浮水印等資安防護，個資有保障，系統更安全。

📊 多樣圖表 靈活運用

可依查核作業特性，適性選擇多樣角度，對底稿資料進行個別分析或統計分析。134

ICAEA 國際電腦稽核專業證照

- 有別於一般協會強調理論性的考試，所有的ICAEA證照均須通過電腦上機實作專案的測試。

- ICAEA以產業實務應用為導向，提供完整的電腦稽核軟體應用認證教材、實務課程、教學方法、專業證照與倫理規範。

證書具備鋼印與QR code雙重防偽

Focus on the Competency for Using CAATs

電腦稽核軟體應用學習Road Map

資訊科技實務導向   財會領域實務導向

國際網際網路稽核師　國際資料庫電腦稽核師　國際ERP電腦稽核師　國際鑑識會計稽核師

國際電腦稽核軟體應用師

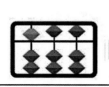   

專業級證照- ICCP

國際電腦稽核軟體應用師(專業級)
International Certified CAATs Practitioner

CAATs
-Computer-Assisted Audit Technique

強調在電腦稽核輔助工具使用的職能建立

職能	說明
目的	證明稽核人員有使用電腦稽核軟體工具的專業能力。
學科	電腦審計、個人電腦應用
術科	CAATs 工具

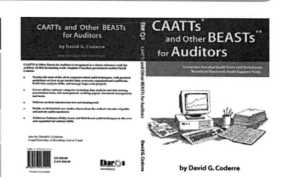

137

歡迎加入 ICAEA Line 群組
~免費取得更多電腦稽核
應用學習資訊~

「法遵科技」與「電腦稽核」專家

傑克商業自動化股份有限公司　台北市大同區長安西路180號3F之2(基泰商業大樓) 知識網:www.acl.com.tw
TEL:(02)2555-7886　FAX:(02)2555-5426　E-mail:acl@jacksoft.com.tw

JACKSOFT為經濟部能量登錄電腦稽核與GRC(治理、風險管理與法規遵循)專業輔導機構,服務品質有保障

138

參考文獻

1. 黃秀鳳，2023，JCAATs 資料分析與智能稽核，ISBN9789869895996

2. 黃士銘，2022，ACL 資料分析與電腦稽核教戰手冊(第八版)，全華圖書股份有限公司出版，ISBN 9786263281691

3. 黃士銘、嚴紀中、阮金聲等著(2013)，電腦稽核一理論與實務應用(第二版)，全華科技圖書股份有限公司出版。

4. 黃士銘、黃秀鳳、周玲儀，2013，海量資料時代，稽核資料倉儲建立與應用新挑戰，會計研究月刊，第 337 期，124-129 頁。

5. 黃士銘、周玲儀、黃秀鳳，2013，"稽核自動化的發展趨勢"，會計研究月刊，第 326 期。

6. 黃秀鳳，2011，JOIN 資料比對分析-查核未授權之假交易分析活動報導，稽核自動化第 013 期，ISSN:2075-0315。

7. 2021 年 IIA 稽核軟體調查報告 (資料來源:Internal Audit Department of Tomorrow, IIA , Phil Leifermann, Shagen Ganason)

8. 匯流新聞網，2018 年，"犯罪時間地點 AI 都可「預測」？美國超過 50 個警察部門已開始應用"
   https://cnews.com.tw/002181030a06/

9. 數位時代，2016 年，"不只有超跑！杜拜警方導入機器學習犯罪預測系統"
   https://www.bnext.com.tw/article/42513/dubai-police-crime-prediction-software

10. 自由時報，2011 年，"林 OO 女秘書 4 年詐領 8380 萬"
    https://news.ltn.com.tw/news/focus/paper/510553

11. ICAEA，國際電腦稽核教育協會線上學習資源
    https://www.icaea.net/English/Training/CAATs_Courses_Free_JCAATs.php

12. AICPA，美國會計師公會稽核資料標準
    https://us.aicpa.org/interestareas/frc/assuranceadvisoryservices/auditdatastandards

13. Galvanize，機器學習稽核案例
    https://www.wegalvanize.com

14. U.S. DEPARTMENT OF THE TREASURY，2023，Specially Designated Nationals List - Data Formats & Data Schemas
    https://home.treasury.gov/policy-issues/financial-sanctions/specially-designated-nationals-list-data-formats-data-schemas

15. 政府電子採購網，拒絕往來名單
    https://web.pcc.gov.tw/pis/prac/downloadGroupClient/readDownloadGroupClient?id=50003004

16. Yahoo，2022 年，" 開 OO 將財、業務洩露給辜 OO 遭重罰 2 千萬、董事長停職半年、總經理減薪"
https://tw.stock.yahoo.com/news

17. 2014，計算你的企業舞弊成本的參考模型
2014 Report to the Nations on Occupational Fraud and Abuse. Copyright 2014 by the Association of Certified Fraud Examiners, Inc.

18. 統計上「68-95-99.7 法則」
https://docs.oracle.com/cloud/help/zh_CN/pbcs_common/PFUSU/insights_metrics_Z-Score.htm#PFUSU-GUID-640CEBD1-33A2-4B3C-BD81-EB283F82D879

19. Clay-Technology World，2020 年，"[NLP] 文字探勘中的 TF-IDF 技術"
https://clay-atlas.com/blog/2020/08/01/nlp-%E6%96%87%E5%AD%97%E6%8E%A2%E5%8B%98%E4%B8%AD%E7%9A%84-tf-idf-%E6%8A%80%E8%A1%93/

20. Medium，2019 年，"對文本重點字詞加權的 TF-IDF 方法"
https://medium.com/datamixcontent

21. 國立臺灣大學計算機及資訊網路中心電子報，2014，文字探勘之前處理與 TF-IDF 介紹
https://www.cc.ntu.edu.tw/chinese/epaper/0031/20141220_3103.html

作者簡介

黃秀鳳 Sherry

現　　任

傑克商業自動化股份有限公司 總經理

ICAEA 國際電腦稽核教育協會 台灣分會 會長

台灣研發經理管理人協會 秘書長

專業認證

國際 ERP 電腦稽核師(CEAP)

國際鑑識會計稽核師(CFAP)

國際內部稽核師(CIA) 全國第三名

中華民國內部稽核師

國際內控自評師(CCSA)

ISO 14067:2018 碳足跡標準主導稽核員

ISO27001 資訊安全主導稽核員

ICEAE 國際電腦稽核教育協會認證講師

ACL Certified Trainer

ACL 稽核分析師(ACDA)

學　　歷

大同大學事業經營研究所碩士

主要經歷

超過 500 家企業電腦稽核或資訊專案導入經驗

中華民國內部稽核協會常務理事/專業發展委員會 主任委員

傑克公司 副總經理/專案經理

耐斯集團子公司 會計處長

光寶集團子公司 稽核副理

安侯建業會計師事務所 高等審計員

國家圖書館出版品預行編目(CIP)資料

AI 離群分析(Outlier)：帳務與費用查核智能稽核
　應用實例演練 / 黃秀鳳作. -- 1 版. -- 臺北
市：傑克商業自動化股份有限公司, 2023.04
　　面；　公分. --（國際電腦稽核教育協會認
證教材)(AI 稽核軟體實務個案演練系列)
　ISBN 978-626-97151-2-1(平裝附數位影音光碟)

　1.CST: 稽核 2.CST: 管理資訊系統 3.CST: 人
工智慧

494.28　　　　　　　　　　　　　112006013

AI 離群分析(Outlier)-帳務與費用查核智能稽核應用實例演練

作者 / 黃秀鳳

發行人 / 黃秀鳳

出版機關 / 傑克商業自動化股份有限公司

地址 / 台北市大同區長安西路 180 號 3 樓之 2

電話 / (02)2555-7886

網址 / www.jacksoft.com.tw

出版年月 / 2023 年 04 月

版次 / 1 版

ISBN / 978-626-97151-2-1